未来工程师

人类太空中的眼睛

田力 编著

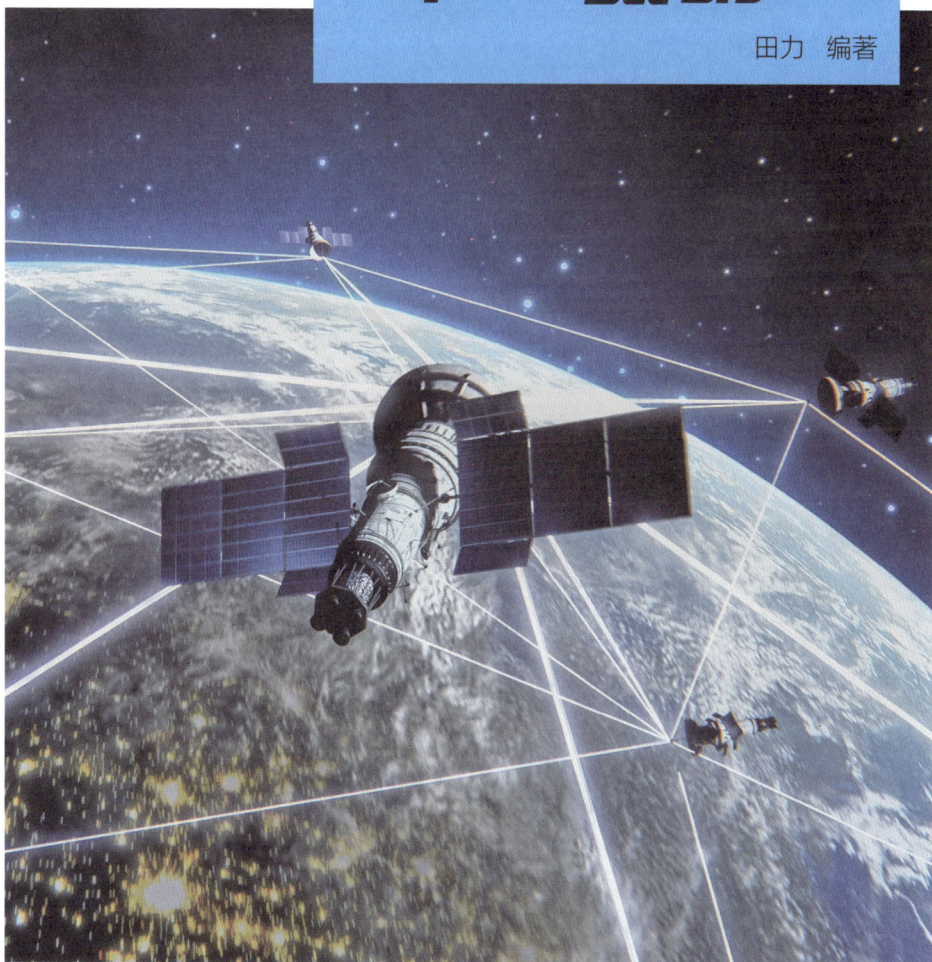

北方妇女儿童出版社

·长春·

图书在版编目（ＣＩＰ）数据

人类太空中的眼睛 / 田力编著 . -- 长春：北方妇
女儿童出版社 ,2025. 7. -- (未来工程师). -- ISBN
978-7-5585-9287-4

Ⅰ . V474-49

中国国家版本馆 CIP 数据核字 第 2025Q19H09 号

人类太空中的眼睛

RENLEI TAIKONGZHONG DE YANJING

出 版 人	师晓晖
策 划 人	陶　然
责任编辑	曲长军
开　　本	889mm×1194mm　1/16
印　　张	4
字　　数	50 千字
版　　次	2025 年 7 月第 1 版
印　　次	2025 年 7 月第 1 次印刷
印　　刷	长春新华印刷集团有限公司
出　　版	北方妇女儿童出版社
发　　行	北方妇女儿童出版社
地　　址	长春市福祉大路 5788 号
电　　话	总编办：0431-81629600
	发行科：0431-81629633
定　　价	21.80 元

前 言

在探索浩瀚无垠的宇宙的征途中，人造卫星，这颗镶嵌在人类智慧星空中的璀璨明珠，自问世以来，便搭建起地球与遥远星辰之间的神奇纽带，引领我们迈入了一个全新的宇宙认知时代。从最初仅承担简单的通信任务起步，到如今在地球观测、精准气象预报、全球导航定位、尖端科学研究甚至太空旅游等多个领域的广泛应用与深度融合，人造卫星不仅极大地拓宽了人类的活动疆域，更深刻地重塑了我们的生活方式和思维模式。

人造卫星，如同永不疲倦的忠诚哨兵，夜以继日地环绕地球，不仅传递着关乎日常生活的重要信息，守护着这片蓝色家园的安宁，更承载着人类对于未知世界的无尽好奇与深切向往。每一颗卫星的升空，都是人类探索宇宙梦想的一次飞跃，它们以独特的视角，记录着地球的变迁，探索着宇宙的奥秘。

本书通过翔实的史料、生动的案例、前沿的技术解析，以及对未来发展的展望，全方位、多角度地展现了人造卫星的发展历程、技术原理、应用现状以及未来趋势。我们相信，通过阅读本书，你将对人造卫星有一个更加全面、深入的了解，你会更加好奇并渴望去探索宇宙的奥秘，当你抬头仰望满天繁星时，将深刻感受到自己与这浩瀚宇宙间那份微妙的联系。让我们一起携手，满怀激情地跟随人造卫星的足迹，勇敢地探索更加广阔的宇宙世界吧！

目 录

1

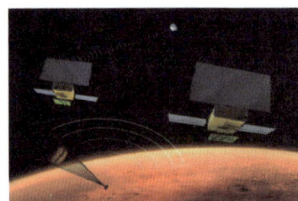

卫星的历史

1957 年 10 月 4 日，苏联在拜科努尔发射场成功将"斯普特尼克 1 号"送入太空。这是世界上第一颗人造卫星，它的成功发射标志着人类探索太空进入了新时代。

开启航天时代

"斯普特尼克 1 号"是一个直径 58 厘米、重约 83 千克的金属球，有 2 个雷达发射器和 4 根天线。它虽然构造简单，功能也不复杂，却开启了航天时代，成为人类探索宇宙空间的新起点。

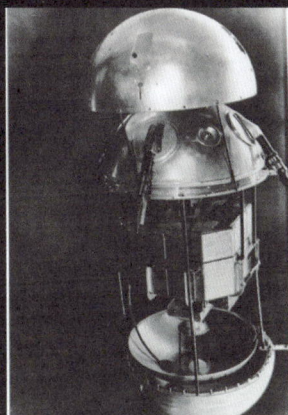

▶ "斯普特尼克 1 号"卫星的每根天线都有 2 米多长

▲ "斯普特尼克 1 号"卫星分解图

完成历史使命

在工作了 22 天后，"斯普特尼克 1 号"卫星因为电池电量用尽而中断了信号发射。1958 年 1 月 4 日，它完成了历史性的使命，脱离工作轨道，坠入大气层，化为灰烬。

什么是卫星

在天文学上，卫星指的是围绕行星运行的天体，比如月球。不过，在现代科技领域，当我们提到卫星时，通常指的是人造卫星。人造卫星是由人类制造、发射到太空中的设备，可用于宇宙探索、通信、气象观测等。

人造卫星的种类

人造卫星种类繁多，按照用途可以分为通信卫星、气象卫星、地球资源卫星、导航卫星等；按照不同的轨道高度可以分为地球静止轨道卫星、极地轨道卫星和地球同步轨道卫星。

▲ 技术人员对卫星的电力推进系统进行测试

人造卫星的设计

人造卫星既复杂，又精细，设计时必须考虑它的主要功能、工作轨道、寿命要求以及所需携带的仪器设备等。此外，可靠性、安全性和可维护性也是设计人造卫星时要考虑的重点。

▲ "宝瓶座"海洋卫星是由美国国家航空航天局和阿根廷宇航局联合研制的，此卫星于 2011 年 6 月 10 日成功发射升空，运行在太阳同步轨道上。

人造卫星的用途

人造卫星的用途十分广泛。比如，通信卫星可以用来传输无线电信号，为远程通话、电视信号传输提供支持；气象卫星可以收集各种气象数据，为研究气候和预测天气变化提供宝贵资料。

你知道吗？

按照轨道高度的不同，人造卫星可以分为哪几类?
A. 地球静止轨道卫星
B. 极地轨道卫星
C. 地球同步轨道卫星
D. 所有以上选项

答案：D

▲ 运载火箭发射

人造卫星的发射

人造卫星主要是"乘坐"运载火箭进入太空的。发射卫星时，火箭点火升空，冲破大气层，将卫星送入太空，随后卫星自主进入并稳定在预定的轨道上。

卫星如何发射

卫星发射是一项庞大而复杂的系统工程，必须严格按照预定程序进行。从发射准备，到火箭进入发射倒计时，进而升空，再到最后的星箭分离，这个过程看似很简单，却是一场惊心动魄、容不得一点儿马虎的旅程。

◀ 1.运载火箭发射升空

发射准备

在确定火箭发射时间后，气象部门通过雷达预报天气。同时，火箭性能需经过严格的检查测试，确保技术性和可靠性。之后，火箭将运至发射区，完成安装并竖立在发射台上，进行最终检查测试。

◀ 2.运载火箭保持垂直飞行

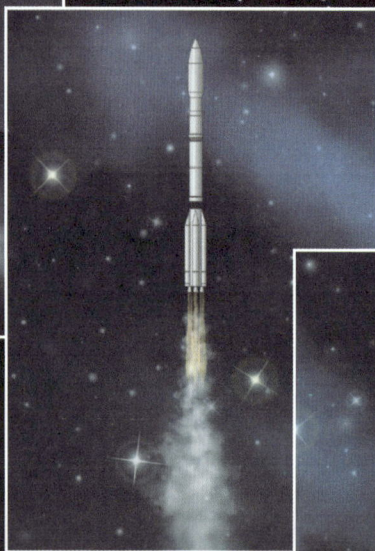

▶ 3.运载火箭进行自动方位瞄准，以保证火箭按规定的方位飞行

地面发射

倒计时完成后，地面控制人员按下点火按钮，发出发射命令，火箭发动机立即点火。随着炽热气体从尾部喷射而出，火箭缓缓离开地面，飞向太空。

▶ 4.第一级火箭发动机关机分离

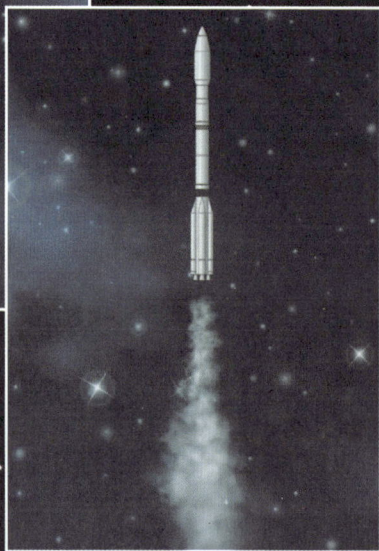

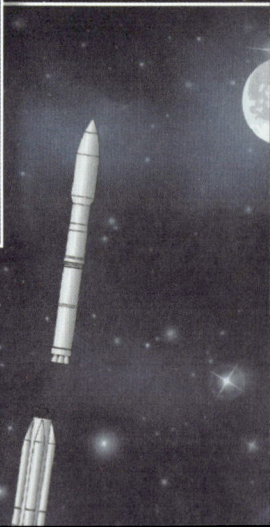

空中分离

　　在火箭飞行的过程中，当达到预定的高度和速度时，火箭的各个部分会按照预定计划进行分离。首先是助推器与主火箭分离，然后是火箭的各级逐级分离，最终只剩下卫星和末级火箭继续飞行。

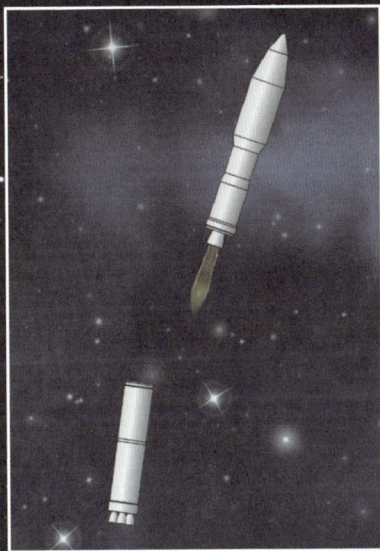

▶ 8. 卫星成功进入预定运行轨道

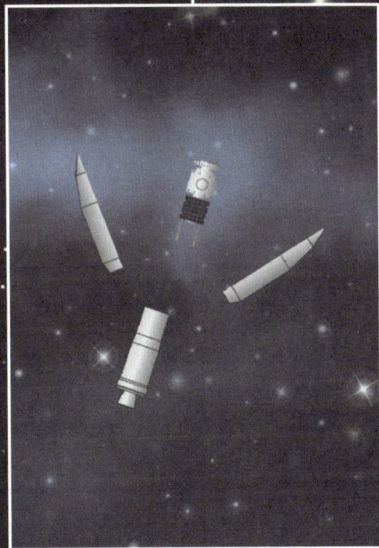

▲ 7. 第三级火箭发动机关机，卫星从火箭运载器中弹出。

▲ 6. 第二级火箭发动机关机分离，第三级火箭发动机点火，继续加速飞行。

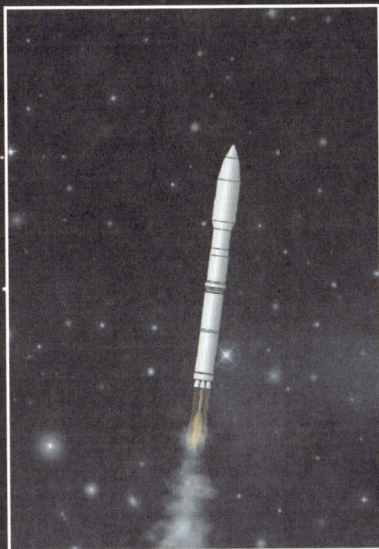

◀ 5. 第二级火箭发动机点火，继续加速飞行。

惊人的事实

　　据说，倒数计时起源于科幻电影。导演弗里兹为增强戏剧效果，设计了"10、9……3、2、1，发射！"的发射程序。后来，这一创意被火箭专家采纳并沿用至今。

星箭分离

　　星箭分离是卫星发射的最后一步。当到达预定轨道与速度时，分离系统启动，将卫星与火箭分离。卫星姿态控制系统随即启动，确保卫星准确进入预定轨道。在这个过程中，地面控制中心实时监控，确保分离成功，保障卫星能够顺利执行预定任务。

卫星的轨道

卫星轨道是卫星在太空中围绕地球运行时的轨迹，通常呈现为椭圆形。确定卫星轨道空间位置的一个重要参数是轨道倾角，它指的是卫星轨道平面与地球赤道平面之间的夹角。这个夹角的大小对于卫星的运行和定位具有重要意义。

▲ "辛康号"地球同步通信卫星是世界上最早的地球同步通信卫星

轨道的分类

卫星的功能不同，轨道也不同。人造地球卫星的轨道按高度分为低轨道和高轨道。其中，有一些具有特殊意义的轨道，如地球同步轨道、地球静止轨道以及极地轨道等。

地球同步轨道

地球同步轨道是一种特殊的人造地球卫星轨道，其运行周期恰好与地球的自转周期相等。因此，位于这种轨道上的卫星会在每天的同一时刻经过地球上同一地点的上空。

▲地球同步轨道示意图

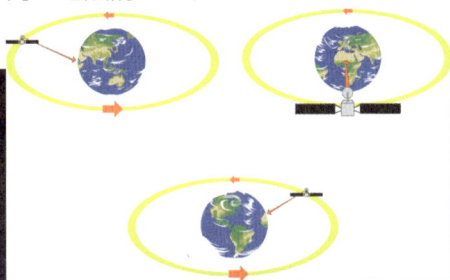

▲地球静止卫星示意图

地球静止轨道

地球静止轨道是指垂直于地球赤道的正圆形地球同步轨道。位于这种轨道上的卫星，绕地球一周所需的时间与地球自转一周的时间完全相等，并且两者的旋转方向也一致。因此从地表看，这些卫星仿佛静止不动。

极地轨道

极地轨道的轨道平面与地球赤道面的夹角为 90°。这种轨道上的卫星能够飞越地球南北极区域，从而实现对全球进行观测。因此，极地轨道特别适用于需要进行全球观察的卫星，如气象卫星、地球资源卫星等。

惊人的事实

世界上第一颗地球同步卫星是美国的"辛康号"。而中国的第一颗地球同步卫星是 1984 年 4 月 8 日成功发射的"东方红二号"。

探索卫星的内部

卫星的内部构造极为复杂且精密，主要由通信系统、控制系统、能源系统、推进系统和有效载荷等多个关键组件组成。这些组件共同协作，确保卫星在太空中能够高效、稳定地运行，为人类探索宇宙、服务地球提供重要支持。

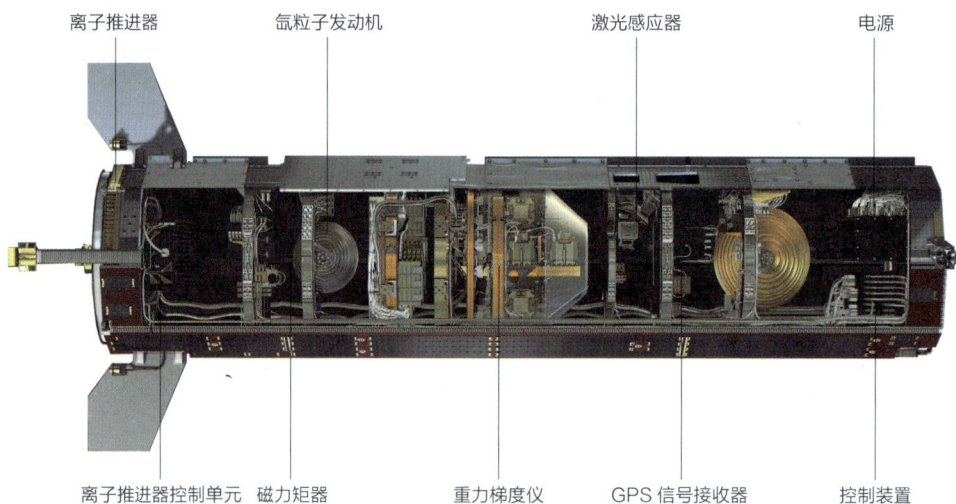

离子推进器　　氙粒子发动机　　　　　　　激光感应器　　　电源

离子推进器控制单元　磁力矩器　　　重力梯度仪　　GPS 信号接收器　　控制装置

▲地球重力场和海洋环流探测卫星是欧洲航天局近年来发射的先进探测卫星，它装有一套灵敏度极高的探测设备，所获得的数据能够帮助人们了解地球内部结构、研究海洋和气候变化。

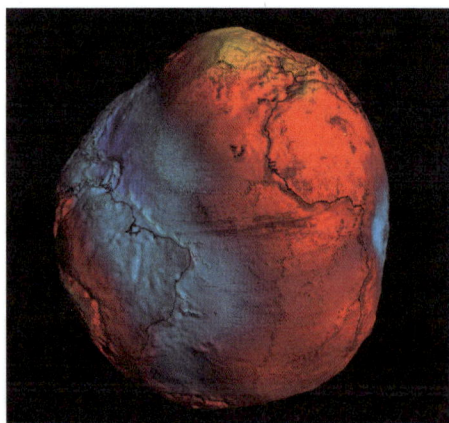

▲来自地球重力场和海洋环流探测卫星的一幅新大地水准面图，黄色和红色区域引力较大，蓝色区域引力较小。

通信系统

通信系统是卫星的核心之一，它负责卫星与地面站或其他卫星之间的数据传输。借助高性能的通信设备，卫星能够实时接收来自地面的指令，并将收集到的数据准确地传回地面。

控制系统

作为卫星的"大脑"，控制系统的重要性不言而喻。它负责卫星的姿态控制和轨道机动，确保卫星始终保持稳定的姿态，在预定的轨道上正常运行。

能源系统

能源系统是卫星稳定运行的关键，它主要由太阳能板、电池组和电源控制单元构成。其中，太阳能板转换太阳能为电能，电池组储存电能，电源控制单元管理电能分配，确保卫星稳定、高效运行。

推进系统

推进系统负责卫星的轨道机动和姿态调整，它利用推进剂产生推力，精确控制卫星的轨道和姿态。这一系统对于卫星保持轨道稳定、实现位置变更等至关重要。

◀地球重力场和海洋环流探测卫星在离地面约 260 千米的地球轨道运行，属于低轨道卫星。

有效载荷

有效载荷是卫星执行具体任务时不可或缺的核心设备，包括相机、传感器和探测器等多种科学仪器。这些有效载荷能够收集各种数据，为各种科学实验和研究提供信息支持。

安装在人造卫星上的离子推进器可以调节或维持卫星在轨道上正常运行

你知道吗？
卫星的能源系统通常使用什么来提供电力？
A. 核能反应器　B. 化石燃料
C. 太阳能板　　D. 风能

答案：C

卫星的动力

卫星在太空中运行和执行任务时，设法获得源源不断的动力极为关键。目前，大多数卫星主要依靠太阳能板提供能源。此外，卫星还可以搭载电池系统作为备用电源。如果是进行深空探测的卫星，还会采用核电池提供电力。

太阳能板

太阳能板通常安装在卫星的表面，以便尽可能多地接收太阳光，为卫星提供可靠的电力供应。太阳能板主要由硅等半导体材料制成，能够吸收太阳光，利用光电效应将光能转化为电能。

▲科学家正在安装同位素成分高级探测卫星的太阳能板

▼哈勃望远镜用的镍氢电池

蓄电池

在光照区，太阳能板可以产生足够的电能供卫星使用；而在阴影区，卫星则需要依靠蓄电池来提供电能。常见的卫星蓄电池类型包括镍铬电池、镍氢电池和锂电池等。

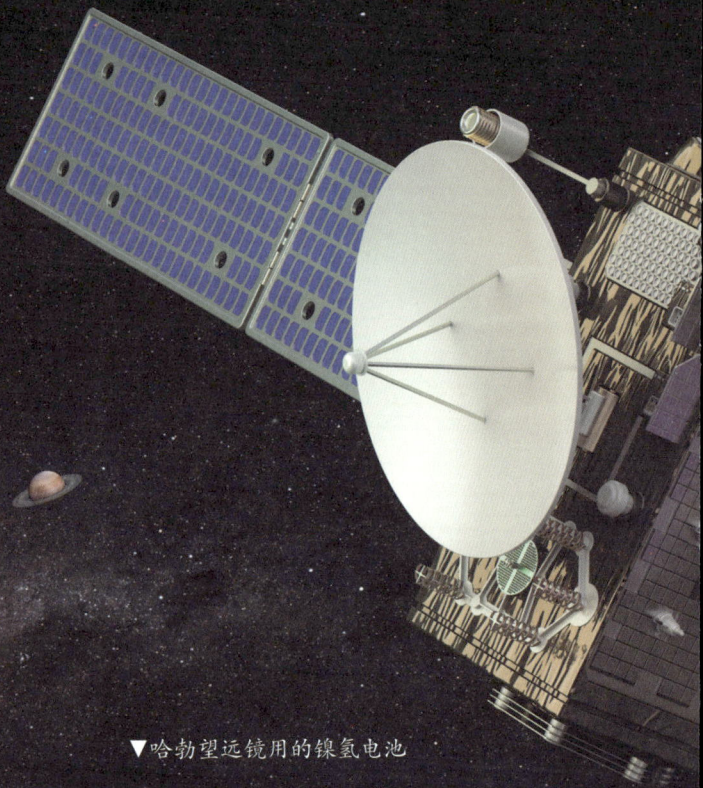

核电池

卫星的核电池是一种独特的电源系统，它利用放射性同位素衰变过程中产生的热能发电。它寿命长、不受太阳光照影响，特别适合为那些远离太阳的卫星提供电力支持。

▲核电池衰变放出巨大的能量使钚-238加热至烧红的程度

惊人的事实

"旅行者1号"是目前飞行最远的探测器，飞行距离超过200亿千米。它使用核电池作为能源，能够在远离太阳的宇宙空间中执行任务。

能源管理

能源管理对于卫星的性能和寿命至关重要，它涉及能源的获取、储存、分配、监控以及优化等关键环节。这一过程的目的是确保卫星能够持续、稳定地获取和使用能源，保障其正常运行。

卫星数据

卫星收集的数据在科学研究和实际应用中均展现出极高的价值。这些数据种类繁多，涵盖地表图像、气候变化证据和天体物理观测等。科学家利用这些数据研究气候、地理、海洋和宇宙，而城市规划、灾害管理等工作也广泛依赖卫星数据来制定决策。

◀人们利用 GPS 卫星测量发现，克罗地亚和意大利的海岸每年彼此接近 4 毫米。

数据来源

卫星数据主要由四大类卫星提供，其中地球观测卫星主要捕获高分辨率地表图像，气象卫星提供关键气象数据，导航卫星提供精确位置信息，通信卫星则是数据传输的中继站。

▲卫星测控系统承担航天器的监控任务

数据处理

卫星数据的处理十分复杂。首先，要从卫星那里"接收"数据，接着是"解码"，把它们从代码变成人们可以理解的图片和信息。由于数据量非常大，人们必须借助"高性能计算机"和"专业软件工具"来帮忙。

广泛应用

卫星数据的应用极为广泛，不仅用于环境监测、气候变化研究，还能为农业管理提供关键信息，为城市规划提供数据支持。此外，在灾害预警中，卫星数据还能通过监测自然灾害的征兆，实现提前预警和应对。

▲卫星拍摄到的火灾

◀卫星拍摄到的台风

发展前景

随着卫星技术的日新月异，卫星数据的分辨率和精确度不断提高，其应用领域也不断拓展。未来，借助大数据与人工智能技术，卫星数据的处理与分析能力将大幅增强，助力人们更深入地探索地球与宇宙的奥秘。

你知道吗？

卫星数据有哪些具体应用？
A. 环境监测、气候变化研究
B. 为农业管理提供信息
C. 为城市规划提供数据支持
D. 监测自然灾害的征兆

答案：ABCD

卫星控制与指挥

卫星进入太空后，并没有和地面失去联系，它的运行仍依赖于地面站的控制和指挥。地面站，也称为卫星地面站或卫星通信地面站，是卫星通信系统的组成部分，负责与卫星进行通信、数据交换和控制，在卫星的运行中起着至关重要的作用。

▶地面控制中心的雷达接收人造卫星发出的无线电信号

通信和数据传输

地面站通过发送各种指令和数据来控制卫星的姿态、轨道等。同时，地面站也会接收来自卫星的各种信号，比如遥测数据、图像等信息。地面站将这些信息解码后，可以存储起来，或者直接传递给用户。

▼地面站

▲航天控制中心的工作人员分析卫星发送的数据

故障诊断

地面站通过接收和分析卫星发送的数据，可以了解卫星的实时工作状态。一旦发现卫星存在故障或问题，地面站就会立即启动故障诊断程序，分析故障的类型、位置和原因，然后制订相应的解决方案。

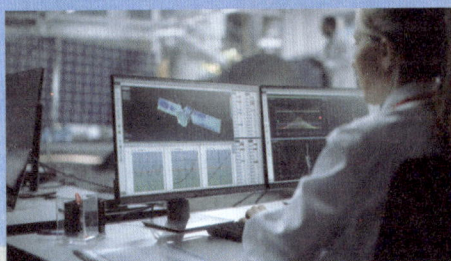

软件更新

在卫星通信系统中，进行软件更新可以提高卫星的性能和安全性，降低卫星发生故障的风险和维修成本。这个至关重要的环节通常是通过地面站定期发送软件更新包来实现的。

全球地面站网络

全球地面站网络对于卫星通信至关重要，它为卫星提供无缝通信，确保卫星无论飞越何地，都能通过最近的地面站进行数据传输，保证了通信的连续性和可靠性。

▲工作人员操作卫星通信系统

太空中的修理工

在太空中，数以千计的卫星围绕着地球，为人们提供各种服务。然而，这些卫星也会像地球上的机器一样出现故障和老化。为了保证卫星能够稳定运行，就需要一群特殊的"修理工"对卫星进行定期维护和修复。

▲在太空中燃烧的人造卫星想象图

维护与修复的重要性

太空环境极为复杂，卫星在运行过程中难免会出现各种问题。一旦卫星出现故障，其提供的服务可能会受到影响，甚至完全中断。因此，及时对卫星进行维护和修复至关重要。

地面控制与维护

大多数卫星的维护和修复工作是通过地面控制站完成的。地面控制站时刻监测着卫星的状态，一旦发现异常，就会对卫星进行遥控操作，比如调整轨道高度、更换工作模式等，确保其正常工作。

你知道吗？

卫星的维护和修复可以通过哪些方式完成？
A. 地面控制站遥控操作
B. 宇航员进行太空行走修复
C. 卫星自主修复
D. 自动化机器人修复

答案：ABCD

在轨维修

一些复杂的故障，地面控制站无法直接解决，比如更换部件。这时，就需要派遣宇航员或者自动化机器人进入太空，直接在卫星上完成维护、修复和升级任务。

自主修复技术

随着技术的发展，一些卫星已经具备了一定的自主修复能力。比如，一些卫星采用了冗余设计，当某个部件出现问题时，备用部件会立刻接管工作，保证卫星正常运行。

▲ 2007 年 3 月，美国发射了"轨道快车"卫星，专门用于卫星的维修。

▼在太空中的宇航员维修卫星

巨大的挑战

虽然卫星的维护和修复工作在技术上已经取得巨大进步，但在实际操作时仍然面临着诸多巨大的挑战。比如，太空极端恶劣的环境、在轨维修对精度和可靠性的要求、太空垃圾时刻的威胁等。

卫星碎片与太空垃圾问题

卫星在太空运行时，时刻面临太空垃圾的威胁。太空垃圾是人类在探索太空时留下的各种废弃物，比如废弃的卫星，火箭爆炸、卫星相撞产生的碎片等。这些太空垃圾已经形成了环绕带，围绕地球运动。目前，轨道上运行的物体有 90% 都是太空垃圾。

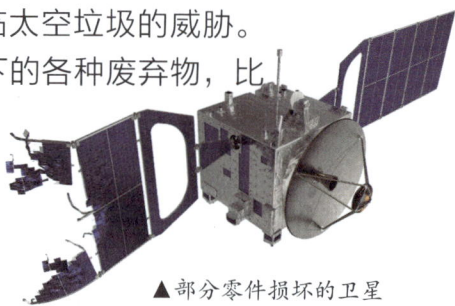

▲部分零件损坏的卫星

庞大的数量

太空垃圾数量庞大，它们主要源于数十起航天器爆炸和废弃的卫星、火箭残骸。这些垃圾总重超过 7000 万千克，其中能给人类的太空活动带来危险的已达数百万个，且数量正持续快速增长。

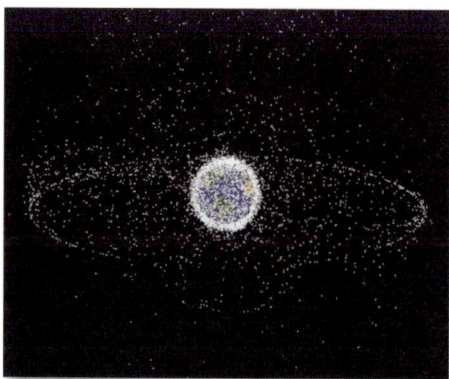

◀太空垃圾的分布示意图。其中有两个主要的分布带：位于地球静止轨道上的环状带及位于近地轨道上的云状带。

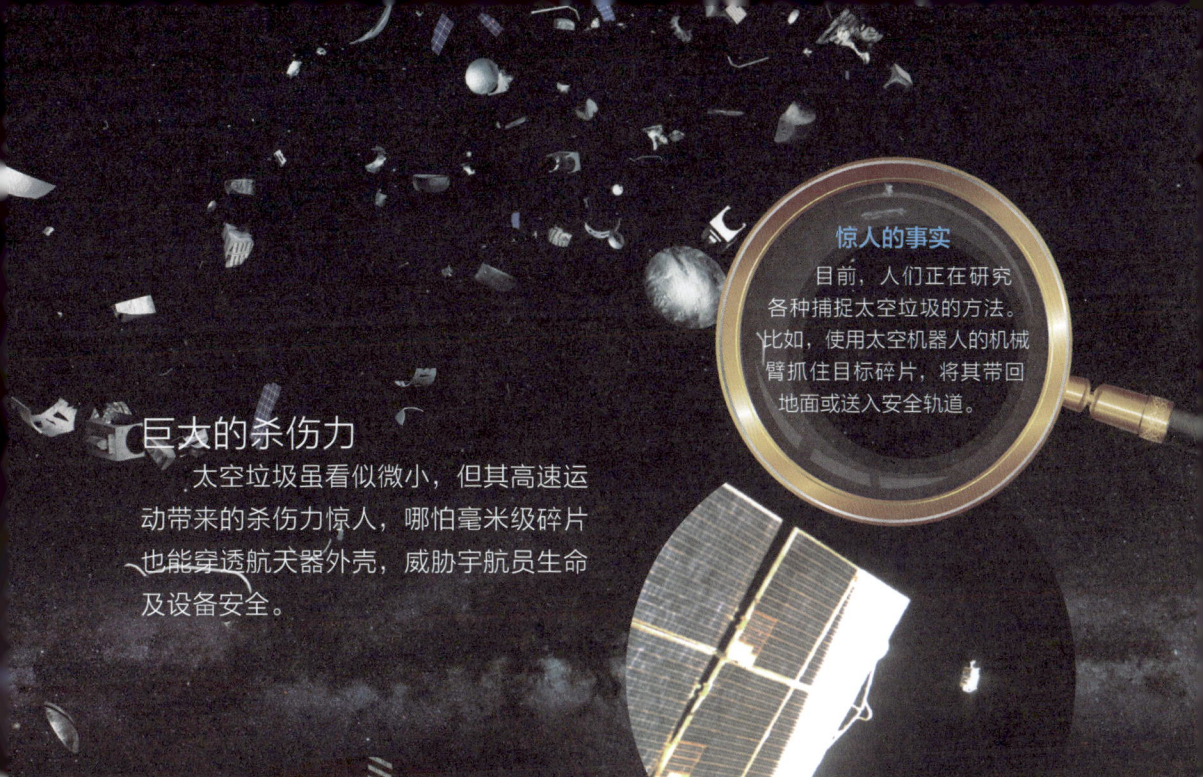

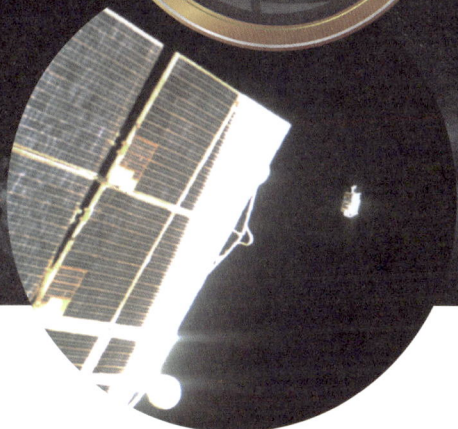

巨大的杀伤力

太空垃圾虽看似微小，但其高速运动带来的杀伤力惊人，哪怕毫米级碎片也能穿透航天器外壳，威胁宇航员生命及设备安全。

▲ 1997年6月25日，"和平号"空间站与无人驾驶的"进步号"航天器相撞，造成太阳能电池板受损，性能下降。

减少新的碎片

为了减少新的太空垃圾产生，人们需要设计更合理的卫星发射和运行程序。比如，在发射阶段，采用更精确可靠的技术，避免卫星发射失败；在运行阶段，确保卫星具备自主机动能力，规避碰撞风险。

▲一名宇航员进行舱外活动时丢失了一个与公文包相约大小的工具包

自我繁殖能力

目前，即使人类不再发射任何航天器，太空垃圾仍会通过"自我繁殖"的方式大量增加。比如，近地轨道卫星老化、报废后，与其他卫星相撞，从而产生大量碎片，这些碎片会成为新的太空垃圾。

▲美国1958年发射的"尖兵1号"人造卫星虽报废多年，但至今仍在其轨道上运行，是现存历史最长的太空垃圾。

不同类型的卫星

卫星的类型有很多，每一种类型都是根据其特定的用途和功能进行设计的。最常见的卫星类型有通信卫星、气象卫星、导航卫星、地球资源卫星和科研卫星等，它们在各自领域中发挥着不可或缺的作用。

▲北约防御卫星通信系统 II 卫星

通信卫星

通信卫星主要用于为全球范围内的电话、互联网和电视广播等通信服务提供支持。这些卫星通常被放置在地球静止轨道上，以确保能够持续稳定地覆盖特定地区，满足全球通信需求。

气象卫星

气象卫星的主要功能是收集大气、海洋和地表的气象数据，比如温度、湿度、风速以及云层的分布、形态和特征等，这些数据对于天气预报、气候研究以及环境监测至关重要。

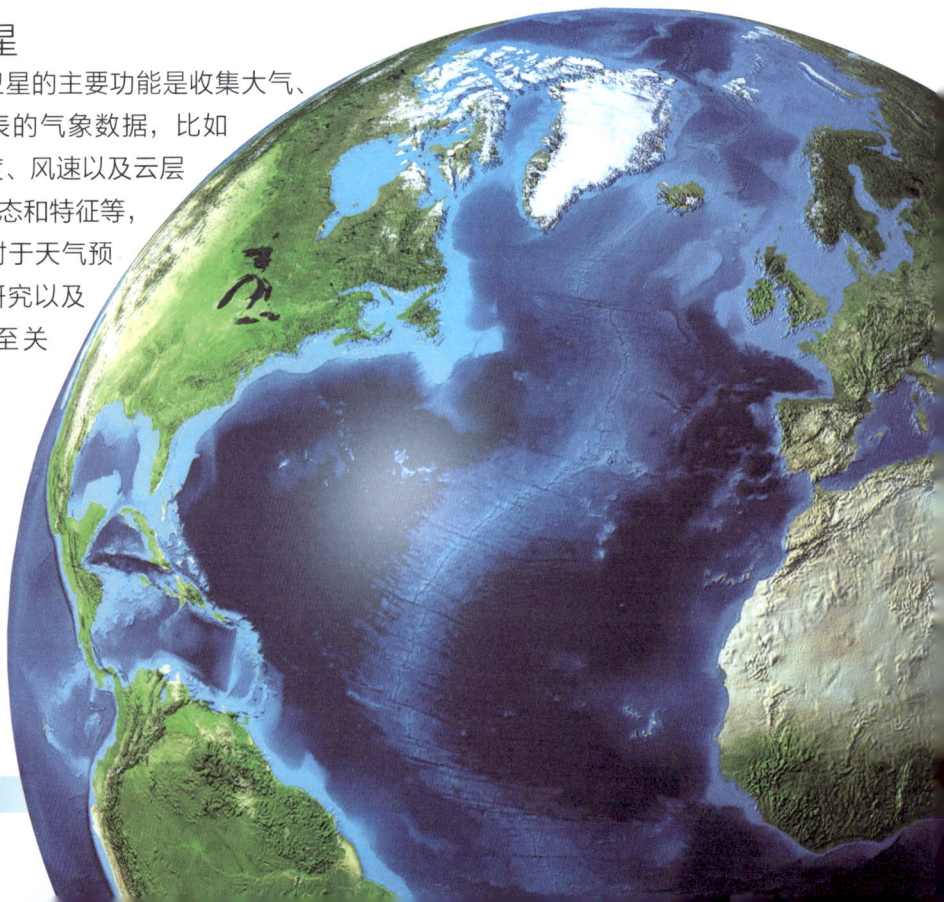

导航卫星

导航卫星可以为用户在地面、海洋和空中提供精确定位和导航服务。它们通过发送无线电信号，使用户能够精准确定自己的位置，从而轻松实现导航和定位。

你知道吗？

气象卫星能够做什么？
A. 进行天气预报
B. 传输电视信号
C. 导航和定位
D. 进行科学实验

答案：A

▲"子午仪"卫星导航系统是世界上第一个卫星导航系统，采用的是多普勒测速定位技术。

地球资源卫星

地球资源卫星是一种专门设计的卫星，用于勘测和研究地球上的各种自然资源、人工作物、自然环境和各种动态变化。这类卫星配备了先进的遥感设备，能够捕捉并传输地面图像。

◀重力回溯及气候实验卫星（GRACE）包含两颗完全相同的卫星，主要用于地球重力场的探测。

科研卫星

科研卫星是专门用于执行各种科学实验和研究任务的卫星。它们能够搭载多种仪器和设备，覆盖从天文观测到生物实验等广泛的科学领域，为科学家提供在太空中进行独特实验的条件。

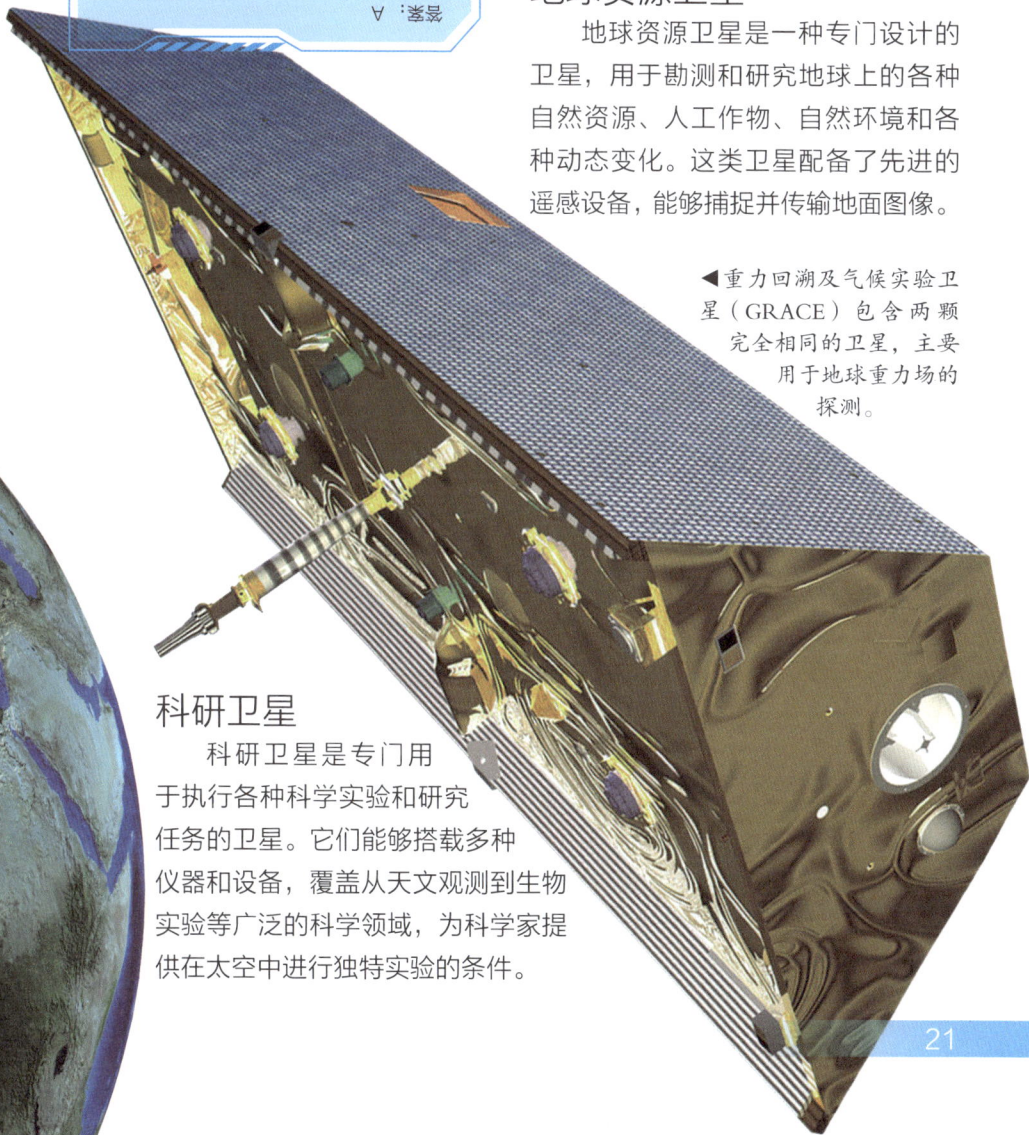

卫星通信

　　卫星通信是现代全球通信网络的重要组成部分，是地球上（包括地面和低层大气中）的无线电通信站间利用卫星作为中继而进行的通信。由于传输数据不受地理限制，卫星通信可以为全球范围内的用户提供电话、电视广播和互联网服务等。

▶美国第一颗民用通信卫星"电星1号"于1962年7月10日发射成功；虽然只运行了6个月，但"电星1号"首次实现了跨大西洋的电视转播，并做了照片传播和电视通信的试验，拉开了卫星通信时代的序幕。

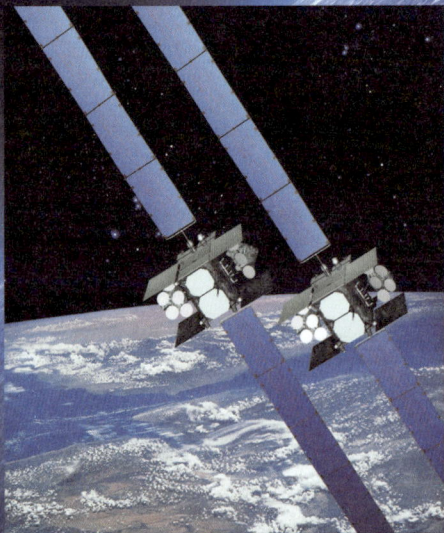

▲宽带全球卫星通信系统（WGS）是美军现役的国防通信卫星系统向先进宽带系统过渡的桥梁

系统组成

　　卫星通信系统由卫星和地球站两部分组成。其中，卫星负责接收和转发来自地球站的信号，而地球站则是卫星通信的地面设施，负责发送和接收信号。两部分共同协作，才能确保卫星通信系统正常运行。

工作原理

　　负责通信的卫星通常被部署在赤道上空的地球静止轨道上，它们利用通信转发器接收来自地面站的信号，在对信号进行放大和处理后，将信号转发给其他地面站。通过这种方式，卫星就能实现远距离通信。

▲先进极高频通信卫星是美国太空部队部署的安全通信卫星

诸多优点

卫星通信具有诸多优点。首先，它的通信范围很大，几乎可以在地球上的任何两点之间进行通信。其次，它不受地震、洪水等灾害的影响，保证了通信的稳定性。此外，它还能同时与多个地点进行通信。

应用广泛

在偏远地区、海洋和空中区域，卫星通信至关重要。例如，当油轮在远洋航行时，卫星通信是不可或缺的；因自然灾害导致地面通信失效时，卫星通信就成了紧急通信的救命稻草。

你知道吗？

卫星通信具有哪些优点？
A. 通信范围大
B. 通信稳定
C. 能同时与多个地点通信
D. 以上都对

答案：D

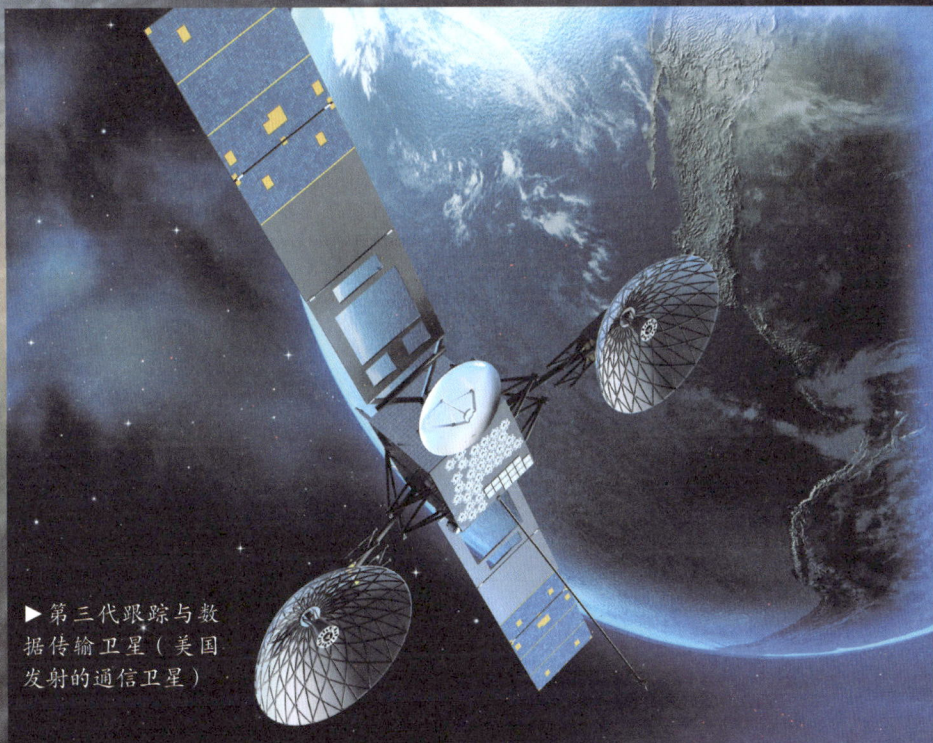

▶第三代跟踪与数据传输卫星（美国发射的通信卫星）

气象卫星

气象卫星在现代天气预报和气候研究中扮演着极其重要的角色。它们装备了多种先进的传感器，能够收集关于温度、湿度、云层和风速的各类精确数据，从而密切监测地球的天气变化、气候变化以及环境灾害等。

▲ "泰罗斯1号"

诞生时间

1960年4月1日，美国发射了世界上第一颗气象卫星 "泰罗斯1号"。它在700千米高的近圆轨道上绕地球运转，拍摄了大量云图和地势照片，并将这些照片及时发回地面控制站。

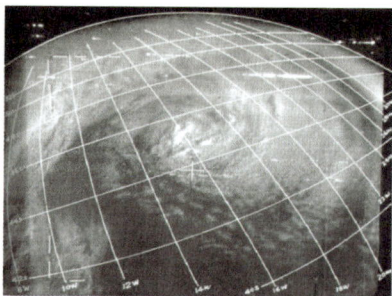

◀ "泰罗斯1号"拍摄的一张气旋图

工作原理

气象卫星搭载的气象观测仪器能够收集关于温度、湿度、云层、风速等的气象信息。这些信息传输到地面接收站，经过解读和处理，就会形成天气图、云图、风场图等。

▶ GOES-8气象卫星

▲ GOES-16 是地球静
止轨道气象卫星

巨大优势

气象卫星观测的范围极广，观测数据质量也很高，最主要的是不受自然条件、国界、时间和空间的限制，因此观测数据质量很高。

惊人的事实

"风云一号"是我国研制的第一代气象卫星，共发射了 4 颗，其中首颗卫星于 1988 年 9 月 7 日成功发射，填补了我国气象卫星的空白。

功能广泛

气象卫星的功能非常广泛。除了其核心的观测天气，预报台风、暴风雪、暴雨等灾难性天气的能力外，它还能够执行监视森林火灾、收集各种水文数据等多项重要任务。

▼根据气象卫星 DMSP 收集的数据创建的城市灯光图

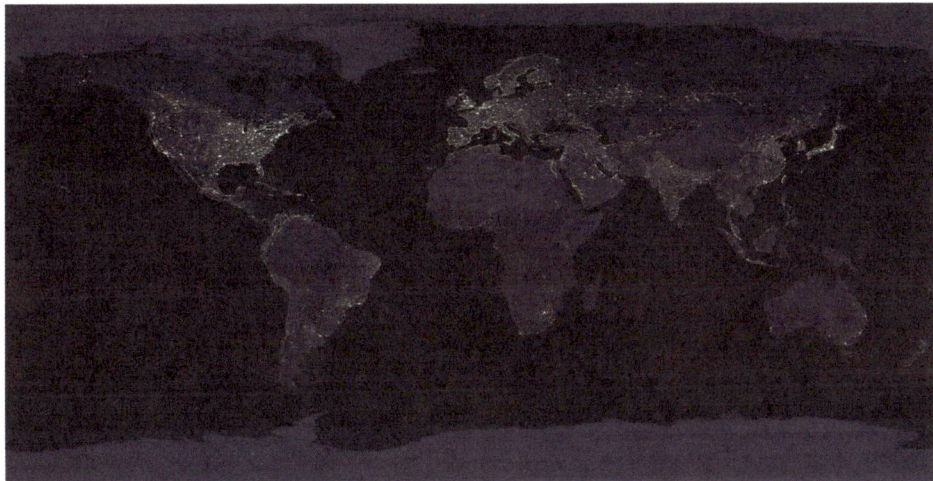

▲世界上目前分辨率最高的气象卫星是中国的"风云三号"E 星

地球观测卫星

　　地球观测卫星是用于监测、记录地球环境和资源的人造卫星。它们搭载高级相机和传感器，能够捕捉地球表面的详细图像，并收集各种环境数据，可用于监测气候变化、观察自然和人为现象等。

工作原理

　　地球观测卫星配备了各种遥感仪器，能够捕获地球表面的反射光、辐射热以及微波等信号，这些信号转换成数字图像或数据，被地面接收站接收后，经过处理和分析，就变成了有用的信息。

▲ "陆地卫星 8 号"每隔 16 天就能执行一次拍摄任务，并能不断更新监测数据，使新数据能在科学研究中得到广泛利用。

主要分类

　　根据功能和任务的不同，地球观测卫星大致可以分为气象卫星、陆地卫星、海洋卫星、资源卫星和科研卫星。其中，资源卫星用于探测和监测地球上的各种资源，为资源管理和规划提供数据。

应用广泛

地球观测卫星在环境保护、资源管理、城市规划、灾害预警、气象预报、农业生产和自然资源勘探等领域都发挥着重要作用。例如，海洋卫星通过海水扫描仪，可以确定鱼虾贝类的聚集区域。

▲ 来自"陆地卫星8号"的影像

惊人的事实

"海洋一号"Ａ星是中国自行研制的第一颗用于海洋环境探测的海洋水色卫星。在轨运行的时间里，探测范围覆盖大面积海域，获取了大量的数据。

发展趋势

随着遥感技术和卫星制造技术的飞跃，地球观测卫星的分辨率、覆盖率和观测能力持续提升。未来，这些卫星将注重数据的实时性、多样性和智能化处理，从而获得更高效、完善和准确的数据。

▶ "云－气"卫星包括"云卫星"和"气卫星"，由美国和法国共同研制，主要用于研究全球云层的分布和演化，为研究全球气候变暖提供依据。

军事卫星

军事卫星是国防安全的核心支柱，在全球范围内承担监视、通信和侦察等重要职责。它们可以实时提供关键情报，为军事行动和战略规划提供支持，还能利用精确的定位和导航，为战机、导弹等"指路"，同时还承担保障通信安全的职责，保障战场指挥的顺畅。

▲美国太空部队的先进极高频通信卫星

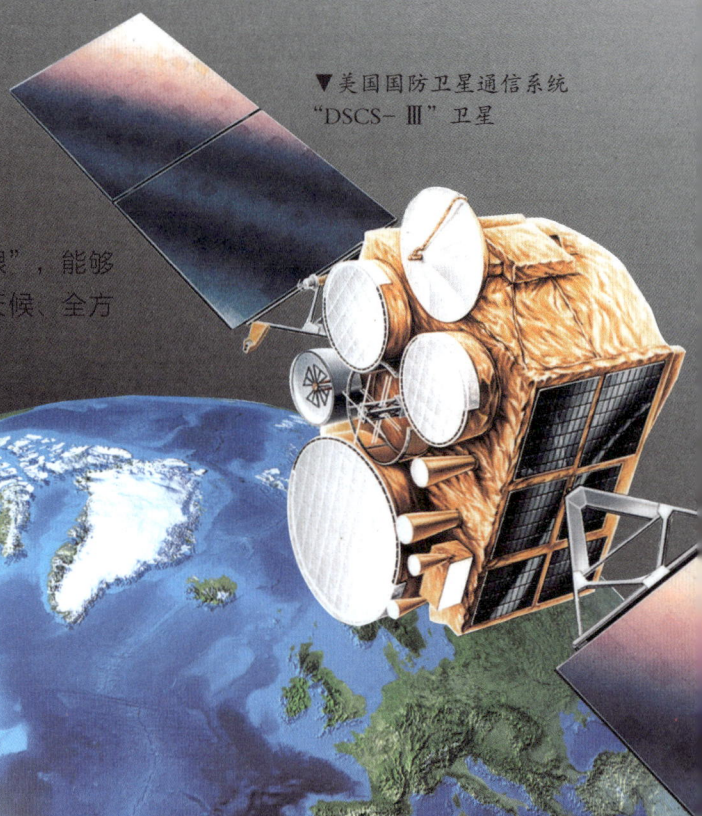

▼美国国防卫星通信系统"DSCS－Ⅲ"卫星

全球监视

军事卫星如同国防的"天眼"，能够对地球表面的任何地方进行全天候、全方位的监视

通信中继

无论是在复杂的战场环境，还是在遥远的边疆地区，军事卫星都能提供稳定的通信支持，帮助指挥部门实时掌握战场动态，迅速作出决策，并有效指导作战行动。

◀美国的作战响应空间卫星（ORS）是光学成像侦察卫星，具有超强的空间环境适应性

▲特高频后继卫星（UFO）是美国的军事窄带移动通信卫星，为美军提供话音和数据通信服务。

导航和定位

军事卫星能为现代军事武器系统提供准确的目标定位和导航信息。例如，中国的"北斗"系统可以精确计算出导弹的飞行轨迹和命中点，精准打击目标。

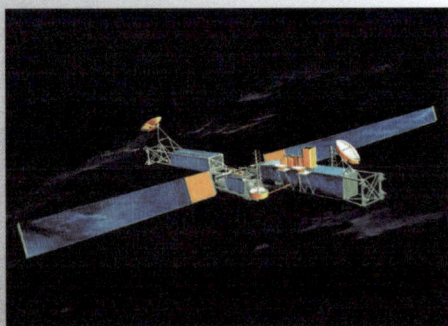

侦察和预警

预警卫星是专门监视敌方战略导弹发射的军事卫星，能够帮助作战人员判断导弹的真伪和位置，以组织防御和反击。中国的预警卫星已经发展到了第二代，包括光学预警星和红外预警星等。

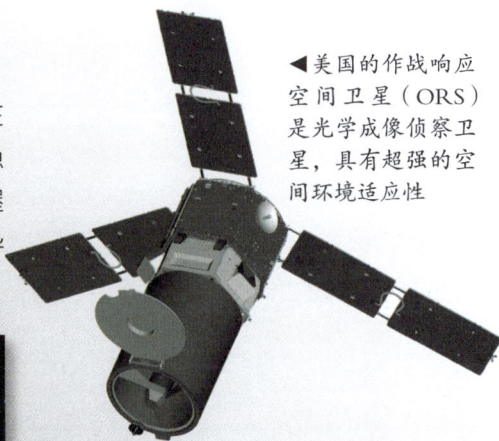

▲军事星（Milstar）是一种极高频对地静止轨道军用卫星通信系统

惊人的事实

1964 年 8 月，美国中央情报局根据军事卫星拍到的照片，认为中国不久后将爆炸第一颗原子弹。果然，中国于当年 10 月 16 日在罗布泊爆炸了第一颗原子弹。

太空科学与卫星

卫星是现代太空科学不可或缺的工具。它们通过搭载各种科学仪器，捕获并传输关于宇宙的各种信息，为我们揭示宇宙的奥秘。随着科技的不断进步和卫星技术的不断发展，相信在未来人们能够探索到更多的宇宙奥秘。

▼太阳与太阳风观察卫星

卫星与科学仪器

卫星上搭载着各种科学仪器，如高分辨率照相机、光谱仪、探测器等，能够捕捉各种天体和现象的数据，使我们能够观测到遥远行星的地貌特征、恒星的光谱特性，以及星系的结构和演化。

惊人的事实

"羲和号"是中国首颗太阳探测科学技术试验卫星，它于2021年10月14日成功发射，标志着中国正式迈入空间探日的时代。

捕获宇宙信息

通过卫星传输回来的数据，科学家能够探索宇宙的起源和演化，揭示宇宙中各种神秘现象的本质，例如了解到黑洞的存在和性质，以及宇宙射线的来源和分布。

扩展观测视野

　　卫星的出现极大地扩展了人们的观测视野，触及了传统地面观测难以企及的遥远星系和深邃宇宙，带来了丰富的观测数据，推动了科学研究的深入。

▲ 作为天文卫星的一种，美国2003年发射的星系演化探测器主要用于观测年轻的恒星和辐射出强烈紫外线的星系。

▶ "太阳峰年"深空卫星主要用于观测太阳的活动和了解太阳的成分

观测太阳

　　太阳是太阳系的中心，人们已经派出了多个探测器对其进行探测。比如，美国在1980年2月4日发射的"太阳峰年"深空卫星对太阳进行了长达9年的观测。

▶ 星际边界探测器是美国研制的天文卫星，它首次绘出了太阳系和星际空间的边界地图。

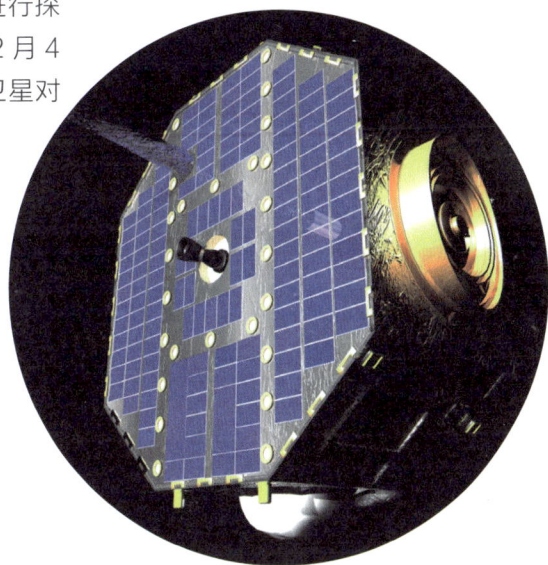

探测宇宙射线

　　宇宙射线是来自宇宙的一种具有相当大能量的带电粒子流。当宇宙射线到达地球表面时会被大气层吸收一部分，而位于太空中的卫星则避免了这一缺陷。

深空卫星

　　深空卫星是那些被发射至地球轨道之外，用于深入探索其他行星、小行星以及更广阔的深空的航天器。这些卫星装备着最先进的科学仪器，肩负着收集远离地球的天体详细信息的使命。目前，深空卫星已经为我们提供了大量关于火星、木星和土星等行星的宝贵信息。

火星探测

　　1962 年 11 月，苏联发射了火星 1 号探测器，它虽然在飞离地球 1 亿千米时与地面失去联系，但仍被看作火星探测的开端。目前，人们已经发射了众多火星探测卫星，收集了大量关于火星地质和大气的重要数据。

▲火星 1 号探测器

木星和土星探索

　　探索土星和木星是深空探测的重要任务之一。比如，1977 年 8 月 20 日，"旅行者 2 号"深空卫星发射升空，它于 1979 年 7 月飞临木星上空，对木星进行了考察，之后又对土星等行星进行了探索。

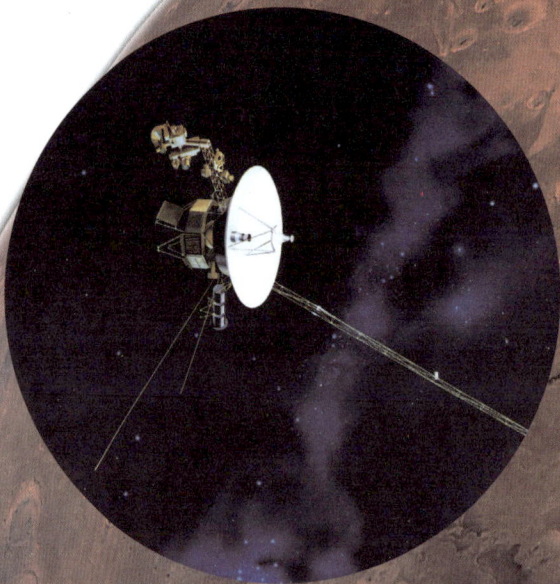

▲"旅行者 2 号"空间探测器

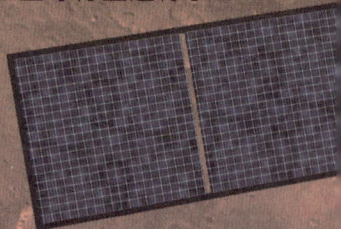

小行星研究

　　小行星是研究太阳系形成和演化的重要对象，人们已经进行了多次小行星探测任务。比如，美国的"黎明号"探测器曾成功访问了灶神星和谷神星，获得了关于它们的大小、形状、表面特征等方面的大量数据。

▲ "黎明号"探测器

寻找外星生命

　　人们发射各种深空卫星，除了探索各种天体，还为了寻找外星生命，比如搜寻可能支持生命存在的宜居行星，寻找生命存在的直接迹象或生命体本身。

惊人的事实

　　"天问"一号是执行中国首个地外行星探测任务的探测器，它于 2020 年 7 月 23 日成功发射，实现了对火星的环绕探测。

◀ "天问"一号探测器

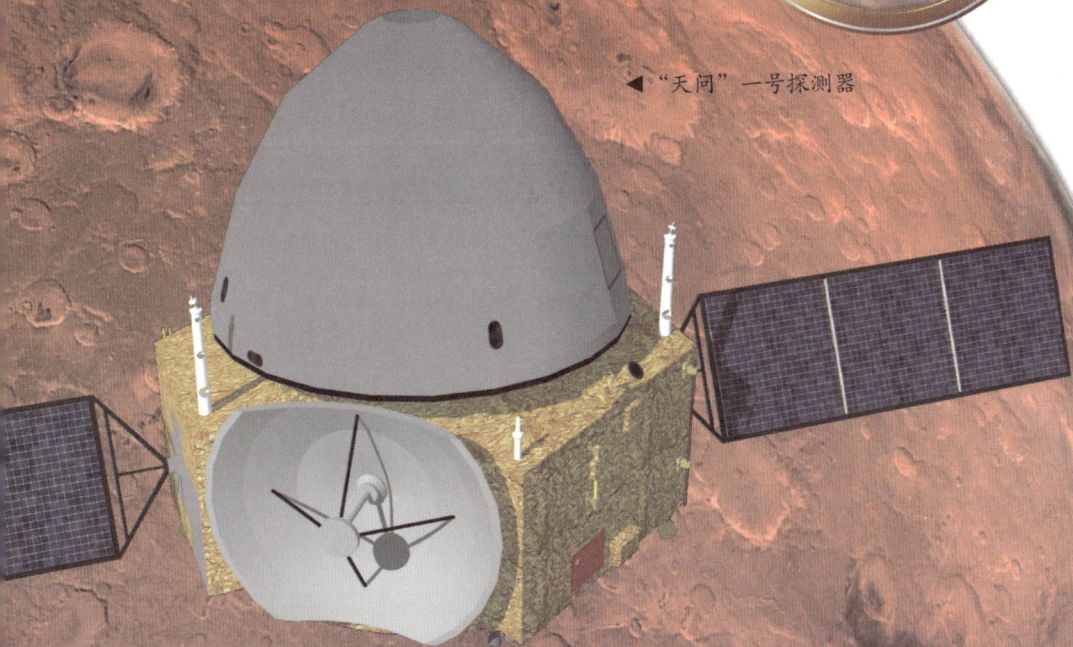

33

全球定位系统（GPS）

全球定位系统（GPS）是目前世界上应用最广泛的卫星导航定位系统，既可以用于情报收集、核爆炸监测和应急通信等军事用途，又可以为全球用户提供精确的位置、速度和时间信息，在汽车导航、手机定位、航海等领域都有着广泛的应用。

卫星网络

GPS 卫星网络由 24 颗卫星组成，它们分布在 6 个轨道平面内，每颗卫星距离地面约 1.7 万千米，可以保证在全球任何地点、任何瞬间至少有 4 颗卫星同时出现在用户的视野范围内。

▲ 在轨运行的 GPS Block III 卫星。GPS Block III 共有 10 颗卫星，是第一批第三代 GPS 卫星，它们采用了新信号并以更高的功率进行广播。

定位原理

GPS 通过接收多个卫星的信号，测量信号从卫星到接收机（用户）的传输时间，进而确定距离。利用这些距离和卫星的已知位置，通过数学计算，就能确定接收机（用户）的精确位置。

GPS 卫星　　　　　　　　互联网

蜂窝网络　　服务器

电脑或移动设备

有跟踪系统的车辆

▲ 实时 GPS 追踪

强大威力

GPS 的强大威力在战争中有着直观体现。例如在伊拉克战争中，美军利用 GPS 为导弹提供精确的目标位置，对伊拉克的军事设施、指挥中心和重要目标进行了精准打击。

▲ 在轨运行的 Block IIR-M 卫星。Block IIR-M 系列共有 8 颗卫星，采用了一种新的军用信号和一种更强大的民用信号。

惊人的事实
在开阔地区，民用 GPS 的精确度通常可以达到几米到几十米。然而，在应用于军事用途时，GPS 的精确度可以达到厘米级别。

▲ 智能手机上的 GPS 定位、导航功能让人们出行更加便捷。

显著弱点

强大的 GPS 也有自己的弱点——抗干扰能力较差。GPS 卫星距离地球表面很远，信号在传输过程中会衰减。因此，当信号受到干扰时，接收机就很难正确接收和处理信号，从而导致精度降低。

小型卫星

一颗卫星的研发要耗费大量的人力物力，一旦发射失败就会造成严重损失。为了降低成本，小型卫星逐渐被大量送入太空。别看小型卫星的个头小，其本领不容忽视，同样可以轻松完成各项指定任务，是太空探索和研究的重要工具。

▶两颗立方体卫星从国际空间站"希望号"舱的小型卫星轨道部署器上发射后绕地球运行

▲ 2016 年，菲律宾研制的"迪瓦塔 1 号"近地轨道微型卫星搭乘美国"天鹅座"货运飞船送入国际空间站。

诞生背景

随着卫星功能的综合集成，对卫星质量和火箭运载能力的要求也在不断提高，这使得卫星发射费用越来越高昂，甚至难以负担。于是，在降低成本、减少风险、加快研制周期的背景下，各种小型卫星应运而生。

什么是小型卫星

小型卫星，顾名思义，就是比普通卫星体型小、质量轻的卫星。事实上，它们不只是简单的质量小，而是高度集成化、自动化，可以快速实现设计、制造、发射、在轨运行，具有先进、快速、造价低廉、可靠的特点。

▲ DART 探测器在撞击小行星前 10 天，释放 LICIACube 立方体卫星，用卫星上的设备拍摄撞击场景和陨石坑的照片。

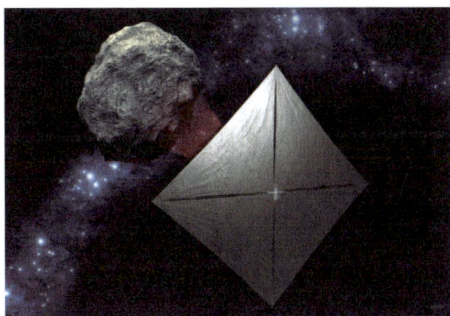

▲可控太阳帆的立方体卫星对近地小行星进行侦察

应用广泛

小型卫星的应用十分广泛。在民用方面，它主要应用于通信、对地观测、空间遥感、气象观测、海洋探测、科学研究等领域。在军事方面，它能快速部署，满足对敌方全天候侦察等各种战时要求。

▼MarCO 是一对立方体卫星，大小为 30 厘米 ×20 厘米 ×10 厘米。两颗微型卫星连同"洞察号"火星探测器一起发射，主要任务为帮助"洞察号"在进入、下降和着陆阶段进行中继实时通信。

等级划分

小型卫星实际上是对质量在 100 千克至 500 千克之间的卫星的统称，按照质量大小细分，可以分为四个等级：小卫星，重 100 ~ 500 千克；微型卫星，重 10 ~ 100 千克；纳米卫星，重 1 ~ 10 千克；芯片卫星，重量小于 1 千克。

惊人的事实

2004 年，"试验卫星一号"在西昌发射中心成功发射。这是我国第一颗立体测绘小型卫星，只有 204 千克重，主要用于国土资源摄影测量、地理环境监测等。

▲"洞察号"火星探测器

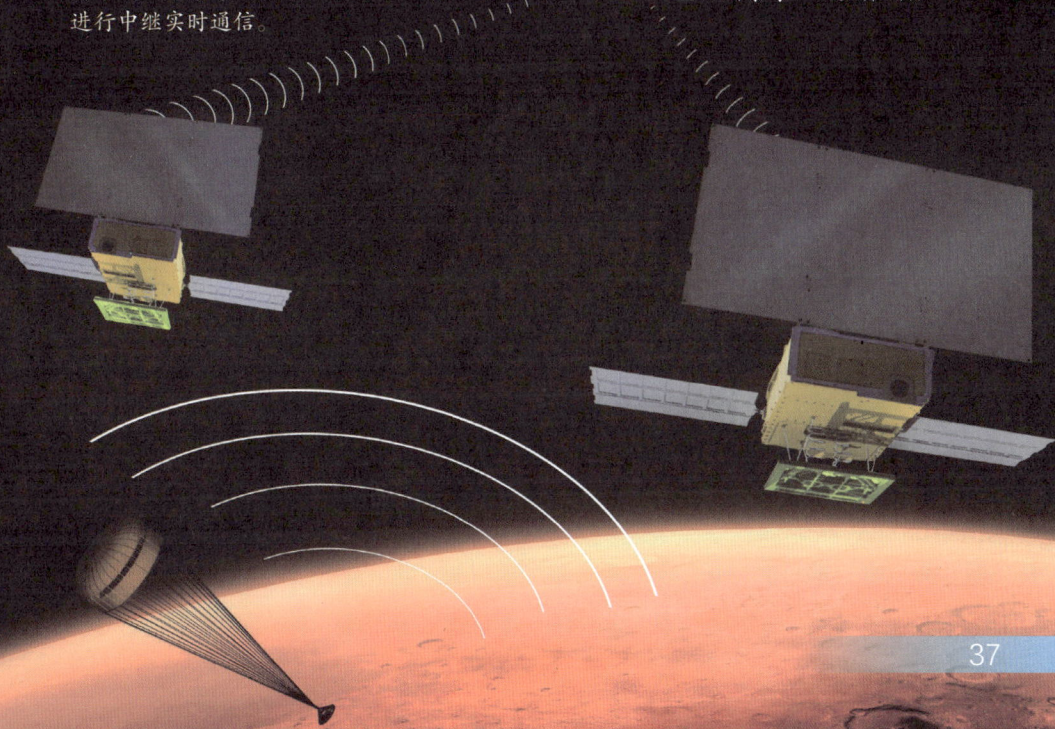

卫星在日常生活中的隐形影响

卫星的影响无处不在，它以各种不易察觉的方式渗透到我们生活的方方面面，深刻地改变了我们的生活方式，使我们能够更好地适应现代社会的发展需求。

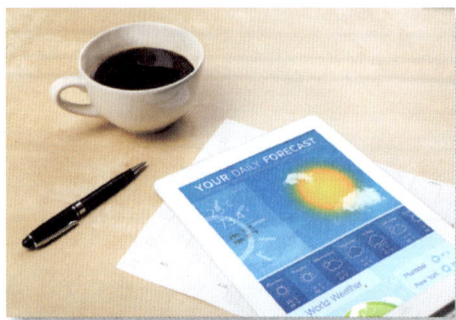

天气预报

卫星为天气预报提供了基础数据。人们通过卫星传回的气象图像，能够准确预测天气变化，为出行、农业生产等提供重要参考。

◀平板电脑接收天气预报

你知道吗？

卫星技术在日常生活中的应用包括哪些?
A. 提供天气预报
B. 定位导航
C. 支持互联网和通信
D. 所有以上选项

答案：D

定位导航

卫星能为导航系统提供关键支持。无论是驾车导航还是户外探险，导航系统都为我们提供了准确的定位和路线规划，使我们的生活更加便捷。

▶定位导航

▲看电视

通信领域

    在通信领域，卫星技术为电视广播和互联网接入提供了重要的基础设施支持。通过卫星传输，我们能够收看来自世界各地的新闻和娱乐节目，实时了解全球动态。

▲电子商务

▲远程教育

卫星互联网

    卫星互联网为偏远地区提供了接入互联网的可能，它打破了地域限制，让偏远地区的人们也可以开展电子商务、在线旅游、远程教育等新型经济活动。

卫星在农业中的应用

在现代农业中，卫星技术正扮演着日益重要的角色，尤其是在作物监测和管理方面。比如，利用卫星图像和数据，全面监测作物的健康状况、土壤湿度；确定最佳的灌溉、施肥和收割时间，为现代农业带来更高的生产效率和产量。

▲正在喷洒农药的小型飞机

土壤管理

卫星遥感技术能够在大范围内准确地了解土壤的湿度，这对农田管理非常有用。同时，它还能预测干旱或洪水等灾害，帮助农民更好地安排灌溉，从而提高农作物的产量。

▲利用卫星遥感技术实现对农田的智能管理

作物健康监测

利用卫星遥感手段，可以实时、高效地监测作物的生长状态，比如判断作物是否受到干旱、病虫害等不利因素的影响，这是现代农业领域的一大突破。

▼全程监控管理农田

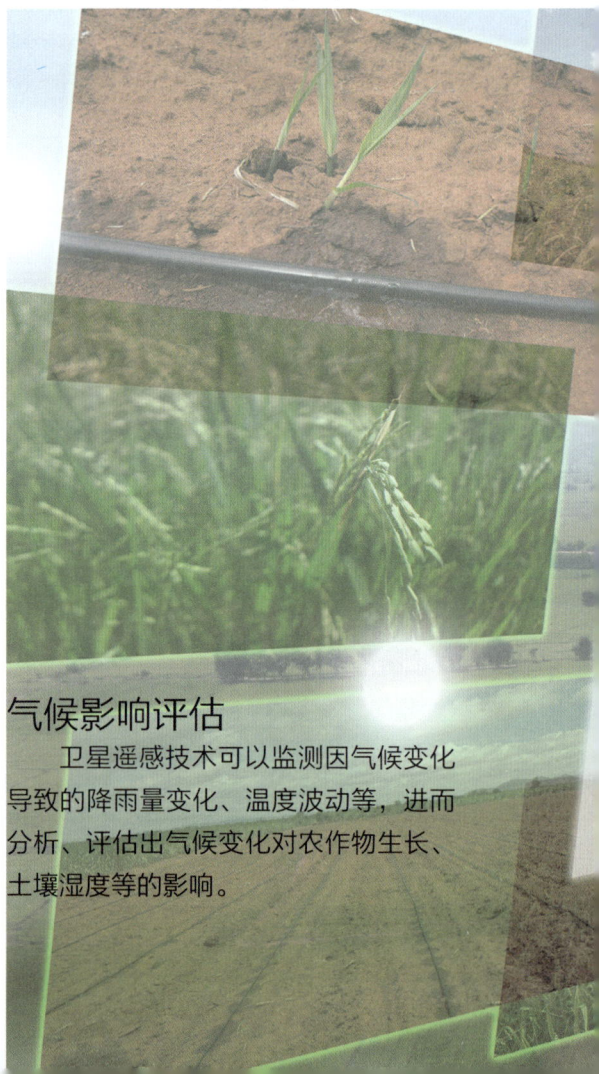

气候影响评估

卫星遥感技术可以监测因气候变化导致的降雨量变化、温度波动等，进而分析、评估出气候变化对农作物生长、土壤湿度等的影响。

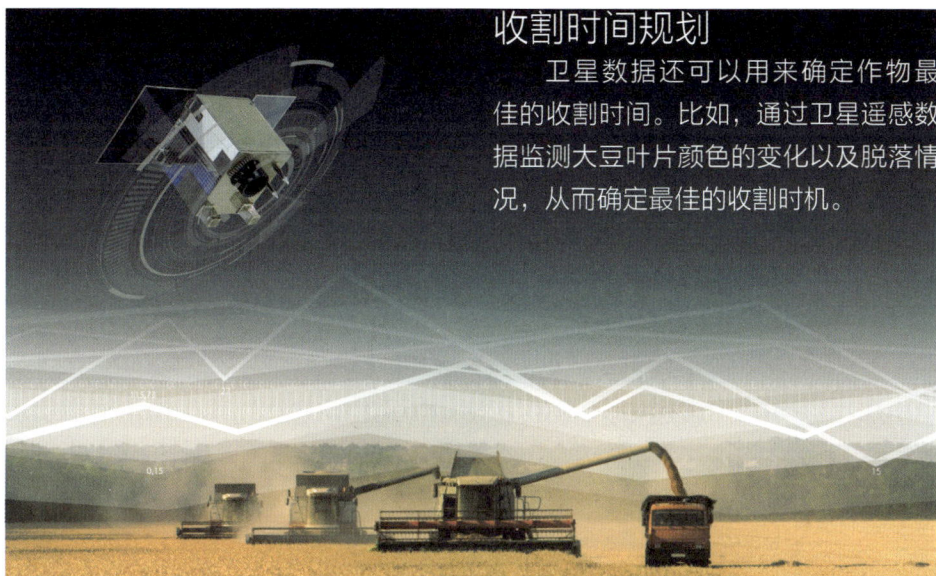

收割时间规划

卫星数据还可以用来确定作物最佳的收割时间。比如，通过卫星遥感数据监测大豆叶片颜色的变化以及脱落情况，从而确定最佳的收割时机。

▲利用卫星数据确定小麦收割时间

农业生产规划

卫星可以收集农田的分布、面积，以及农作物的种植结构、生长状况和产量等信息。这些信息为未来几年的农业生产规划提供了重要参考依据。

惊人的事实

卫星技术的应用已经不仅局限于大型农场，而是逐渐扩展到家庭农田，帮助普通农民有效管理他们的土地和作物。

卫星在救灾中的角色

在遇到灾害时，卫星可以迅速捕捉灾区的详细图像，帮助救援人员准确评估灾害的影响、规划有效的救援行动，还可以确保救援团队与受灾民众之间通信的畅通无阻。

▲卫星为全球防灾减灾发挥着重要作用

灾害监测和评估

当灾害发生后，卫星能够迅速提供受灾区域的实时高清图像，让救援人员了解灾害的具体范围和影响程度，然后制定出有针对性的救援策略，确保救援行动的高效执行。

▼卫星提供的地震引发海啸图像

救援通信

当地面通信设施受损或中断时，卫星通信便成为救援行动中的关键通信手段。它不受地理、地面设施的限制，能为救援行动提供及时、可靠的信息交流渠道。

▲卫星探测地震的原理主要包括地震波的传播和地表变形

灾后重建

卫星还能用于灾后重建。比如，通过对比灾害前后的卫星图像，可以评估受损设施的修复难度和成本，进而制订合理的修复方案，确保预算的合理性。

你知道吗？

下列哪一项不是卫星在自然灾害中的主要作用？

A. 预报灾区天气
B. 灾害监测和评估
C. 灾害预警
D. 救援通信

答案：A

资源分配

卫星数据对于救灾时的资源分配十分重要。比如，它可以帮助救援团队确定哪里受灾最严重，需要优先救援；哪里道路畅通，便于物资运输；哪里存在安全隐患，需要特别注意。

▲灾后救援

灾害预警

利用卫星遥感技术可以对灾害进行预警。例如，在地震预警中，卫星遥感技术可以连续监测地壳运动，预测地震活动的可能性和影响范围。

卫星与环境监测

随着科技的飞速发展，卫星已经成为环境监测与保护领域中不可或缺的工具。它们为我们提供了宝贵的数据支持，帮助我们更好地了解地球环境，制定有效的环境保护措施，推动可持续发展。

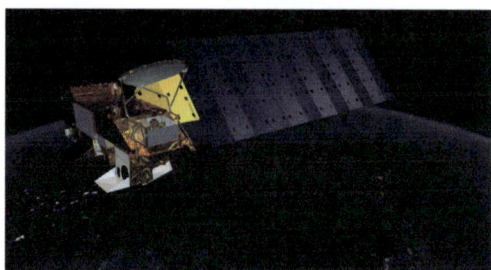
▲ "Aqua卫星"由美国、日本和巴西联合研制，用以监测海流、云层和水对环境的影响。

工作原理

监测地球环境的卫星搭载有光学传感器、热红外传感器等，能够接收地球表面反射、辐射的电磁波信息，并将信息转化为图像，以供科学家们分析和解读。

气候变化监测

卫星通过搭载各种先进的遥感仪器，能够实时监测地球表面和大气层的各种参数。通过对这些数据的分析，科学家可以了解全球气候变化的趋势、规律和影响，从而制定更为有效的应对策略。

◀旱涝灾害预测卫星（SMAP）是美国国家航空航天局研制的地球环境观测卫星，主要用于测量土壤湿度。

▲卫星监测可加强对生物多样性的监测与保护

生态监测

　　卫星在生态监测方面展现出巨大潜力。它能够监测全球森林覆盖变化、湿地退化、生物多样性减少等情况，为我们提供关于生态系统健康状况的宝贵信息。

惊人的事实

　　有一些卫星专门用于监测大气中的二氧化碳和其他温室气体，如中国的碳卫星，能够获取全球各区域的气体浓度分布数据。

生物多样性研究

　　卫星能够通过对生态系统中物种分布和数量的监测，帮助人们评估生物多样性的现状和变化趋势。比如，通过分析卫星图像识别不同物种的栖息地，并评估其面积和变化情况。

▲海洋石油污染

▲沾染了油污的海鸟

溢油污染监测

　　海上溢油污染是最常见的海洋污染之一。环境监测卫星能够对溢油的分布、位置、面积、扩散漂移方向和速度等进行监测，辅助人们采取措施，清除污染。

卫星互联网

随着互联网技术的飞速发展，人们对网络连接的需求日益增长。但在一些偏远地区或者海洋、沙漠等区域，传统网络难以覆盖，那又该如何实现稳定的互联网接入呢？这时，卫星互联网就成为解决这一问题的关键。

什么是卫星互联网

卫星互联网，简单来说，就是利用人造卫星提供互联网服务的技术。它通过卫星与地面站之间的通信，将互联网数据传输到世界的每一个角落，实现全球范围内的网络连接。

巨大优势

相比传统地面网络，卫星互联网能够覆盖更广泛的区域，即使在恶劣的天气条件下也能保持稳定的连接。另外，它的移动性更强，能够为海上船只、飞机等移动用户提供可靠的网络服务。

▼有了卫星互联网，就意味着天上成百上千颗卫星能时刻与地球上的手机、轮船、飞机、汽车等交换信息——身处大山里，也不必发愁没信号。

低轨道卫星网络

近年来，低轨道卫星网络的兴起为卫星互联网的发展带来了新的机遇。这些低轨道卫星数量众多、分布广泛、距离地球较近，能够提供更快的连接速度和更低的延迟，为用户带来更加流畅的网络体验。

应用场景

卫星互联网的应用非常广泛。比如，在偏远地区，它可以为当地居民提供教育、医疗、娱乐等网络服务；在海洋、沙漠等无人区，它可以为科研团队等提供稳定的通信支持；在紧急救援中，它可以迅速恢复通信服务。

惊人的事实

2014 年，美国 SpaceX 公司提出星链计划，即低轨互联网星座计划。目前，SpaceX 已经发射了数千颗星链卫星，并成功为全球多个地区提供互联网服务。

▶远程医疗

卫星与教育

卫星技术在教育领域为学生带来了前所未有的学习体验和深刻启发。学生们能够轻松接入丰富的卫星数据和图像，直观地理解并探索地球科学、天文学、环境研究和物理学等领域的核心知识，从而深化对科学世界的理解。

学习资源

卫星数据和图像是宝贵的学习资源。比如在地理课上，通过卫星图像，学生能够直观地了解山脉、河流、湖泊等地理事物的分布和变化，以及不同地区的气候类型和特点。

互动教学

教师可以利用卫星图像和数据制作互动课件，让学生在课堂上进行互动学习和讨论。这种教学方式能够激发学生的学习兴趣和好奇心，提高他们的参与度和思考能力。

▲互动教学打破了师生之间的界限

▶互动教学使学生能够更主动地参与到学习过程中，提升学习效果。

▲学生参与卫星教学

实践项目

　　除了利用卫星数据教学，学生在教师的指导下，还可以参与卫星从设计、制造到测试和发射的全流程，这不仅能让学生深入理解卫星技术，还能提升他们的实践能力和协作精神。

▲远程教育

远程教育

　　通过卫星互联网，偏远地区的学生可以访问丰富的在线教育资源和课程，比如视频讲座、在线图书馆、虚拟实验室等，使他们的学习更加多元化和深入，促进教育公平。

你知道吗？

卫星在教育中的应用包括什么？
A. 提供学习资源
B. 支持互动教学
C. 支持实践项目
D. 所有以上选项

答案：D

卫星竞赛

自 20 世纪中叶以来，卫星竞赛已成为国际政治和科技竞争的重要领域。早期的卫星竞赛主要是冷战时期美国和苏联之间的对抗，如今这种竞争已扩展到多个国家和地区，包括欧洲、中国、印度和其他新兴太空国家和地区。

卫星竞赛的起源

1957 年，苏联成功地将"斯普特尼克 1 号"送入太空轨道，拉开了美苏两国太空竞赛的序幕。4 个月后，美国不甘示弱，也成功发射了自己的第一颗人造卫星"探险者 1 号"。

▲ 美国喷气推进实验室卫星专家将"探险者 1 号"卫星装入火箭

多国参与

　　在卫星竞赛中，起初美苏是最主要的竞争对手。同时，欧洲、日本、中国等也在积极发展自己的卫星技术，呈现出多国参与卫星竞赛的局面。近年来，商业航天的兴起，为这场竞赛注入了新的活力。

▶ 1965 年 11 月 26 日，法国成功发射了"A-1 号"人造卫星，成为世界上第三个自主研发并发射卫星的国家。

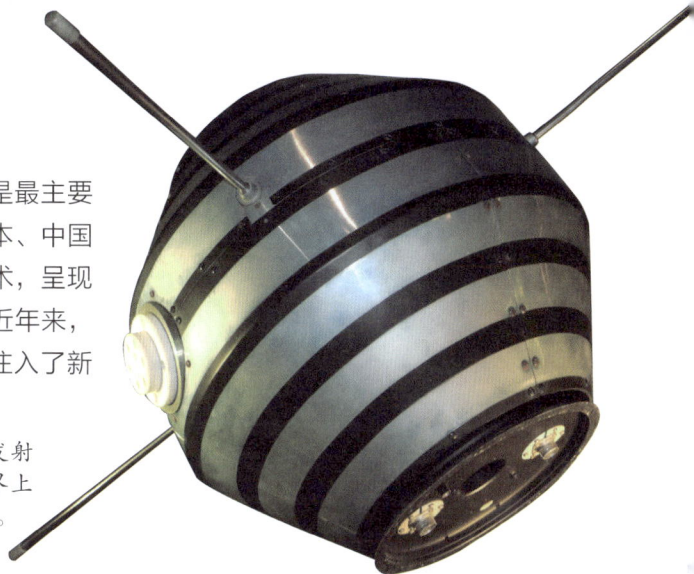

竞赛的升级与转变

　　随着太空探索的深入，卫星竞赛逐渐从简单的发射竞争转变为技术、功能和应用的全面竞争。人造卫星的功能也越来越多样化，涉及通信、导航、气象观测、资源勘探等多个领域。

▲ 1970 年 2 月 11 日，日本成功发射了"大隅号"卫星。

▶ 1970 年 4 月 24 日，中国第一颗人造卫星——"东方红一号"发射成功。

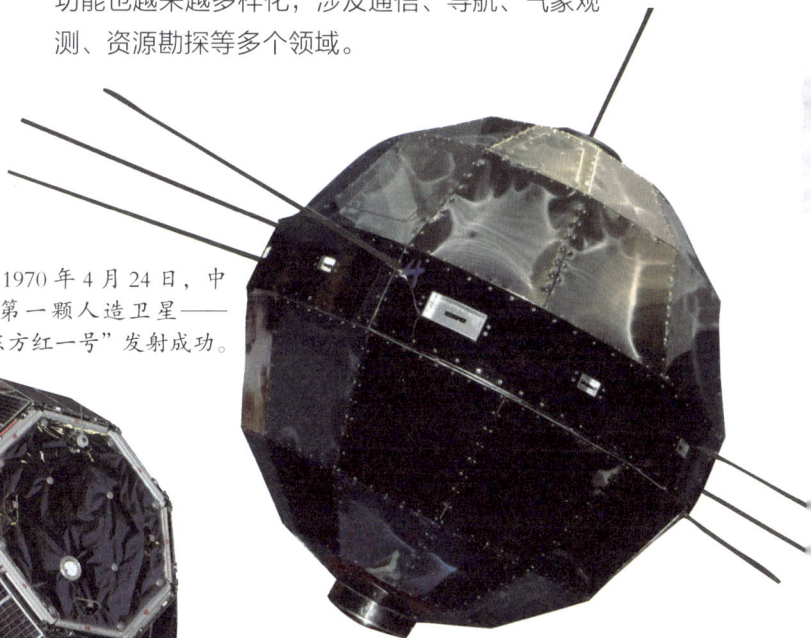

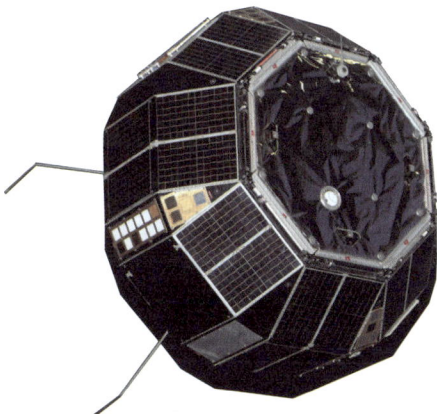

卫星竞赛的影响

　　除促进产业发展，带动经济外，卫星竞赛还具有重要的战略意义。卫星是国家安全的重要组成部分，各国竞相发射更多、功能更强大的卫星，以争夺太空的控制权。

▲ 1971 年 10 月 28 日，英国第一颗人造卫星——"普罗斯帕罗号"发射成功。

太空法律和卫星

　　随着太空活动的增加，遵守太空法律，确保太空活动的安全、有序和可持续性，成为各个国家和私人实体的共识。目前，《外层空间条约》《无线电规则》等国际法律文件已经颁布实施，旨在规范各国在外层空间的活动。

《外层空间条约》

　　1966 年 12 月 19 日，联合国大会通过了《外层空间条约》，为各国在外层空间的活动提供了指导原则。目前，已有包括美国、俄罗斯和中国在内的 130 多个国家签署了该条约。

轨道分配

　　随着卫星不断被送入太空轨道，如何有效分配和管理轨道资源变得十分重要。《无线电规则》规定，各国不能任意占用轨道资源，需要遵循国际电信联盟的分配原则。

太空垃圾管理

为了减少太空垃圾并有效管理现有垃圾，国际社会制定了《空间物体所造成损害的国际责任公约》等规则和指南，明确各国在太空垃圾管理方面的责任和义务。

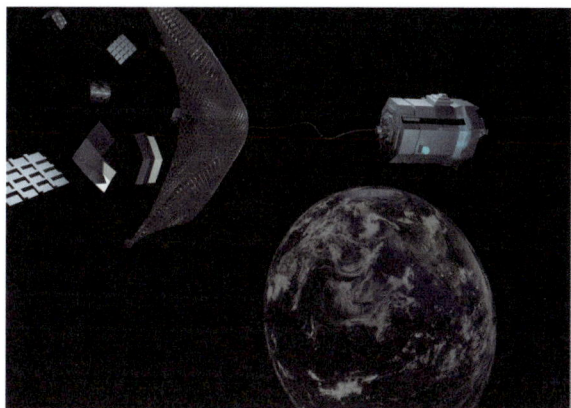

▲人造卫星正在清理太空垃圾

预防冲突

太空法律明确了太空活动的和平性质，强调国际合作的重要性。通过国际协议和机制，各国可以共同管理太空资源，避免因为资源争夺而引发冲突。

惊人的事实

根据《外层空间条约》，月球和其他天体被视为全人类的共同财产，任何国家都不能宣称对其拥有主权。

促进公平竞争

目前，私人公司越来越多地参与太空探索，因而太空法律变得尤为重要。这些法律能够确保太空活动的安全性、可持续性，并促进公平竞争。

未来的卫星技术

随着科技的飞速发展，未来的卫星技术将迈入一个全新的时代，展现出一系列激动人心的变革和创新。这些技术上的飞跃不仅将显著提升卫星的性能和效率，更将扩展前所未有的应用领域，极大地推动人类探索宇宙的边界。

小型化和智能化

在未来，卫星将趋于更小型化，使得卫星的制造和发射变得更加灵活和经济。同时，卫星也将更智能化，有着更加先进的传感器、处理器等，能实现更高的自主性。

高效发射技术

随着发射流程的优化和新型发射技术的使用，未来的卫星发射将变得更加高效和可靠。这将大大缩短卫星的发射周期，使卫星能够更快地进入轨道并开始执行任务。

▲在未来，卫星会变得非常小，用手机就可以操控。

▲人工智能在卫星上的应用越来越广泛

人工智能与机器学习的整合

通过整合人工智能和机器学习技术，未来的卫星将具备进行更为复杂的数据处理和实时决策的能力，从而为各类应用提供更加精准和高效的服务支持。

环保和可持续性

未来的卫星设计将致力于环保和可持续性，它们将广泛采用可回收材料进行制造，并应用可回收技术，以显著减少太空垃圾的产生，确保太空活动的长期可持续性。

深空通信与探索

随着深空通信技术的发展，未来的卫星将能够更稳定、更快速地与地面站或其他卫星进行通信。这将为深空探测任务提供强大的支持，使人类能够更深入探索更遥远的宇宙区域。

卫星与未来城市

随着科技的飞速进步，智能城市的概念不再停留在理论层面，而是逐步成为未来城市发展的主流趋势。在这一过程中，卫星技术凭借其独特的优势，为智能城市的建设提供坚实的科技支撑。

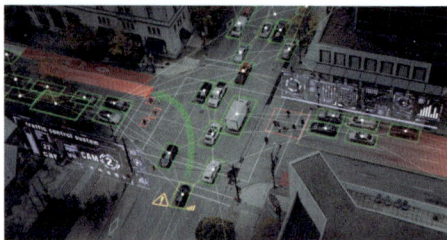
▲智能交通系统实时监测道路交通状况

城市规划与建设

通过卫星遥感技术，城市规划者可以获得高精度、大范围的地理信息数据，了解城市的地形、地貌、植被、水系等自然条件，以及建筑、道路、交通等的分布情况，为城市规划提供依据。

交通管理与优化

导航与定位系统可以对智能城市的交通进行高效管理。比如，它能实时监测道路交通状况，实现交通拥堵预警、交通事故实时定位，也能支撑自动驾驶汽车、智能交通系统的发展。

▲卫星技术在智慧城市的建设中发挥着重要的作用

增强城市连通性

卫星技术还能让城市之间的连通性大大增强。比如，通过卫星通信网络，城市与其他地区可以进行高效的信息交流和数据共享，促进合作与发展。

提高城市运行效率

有了卫星技术的参与，智能城市的运行将更加高效和智能。比如，通过卫星的实时监测和数据分析，城市管理者可以及时发现和解决城市运行中的问题，从而提高管理质量和效率。

你知道吗？

以下哪一项不是卫星技术在智能城市中的主要应用？

A. 辅助城市规划
B. 监测道路交通状况
C. 支撑智能交通系统发展
D. 直接管理城市日常运行

答案：D